[日] 桥口梨花 著
英珂 审译

迷你盆栽

捧在掌心的小小自然

乐享四季小生活

中信出版集团 | 北京

图书在版编目（CIP）数据

迷你盆栽，乐享四季小生活 /（日）桥口梨花著；
英珂审译 . -- 北京：中信出版社，2019.7
ISBN 978-7-5217-0309-2

Ⅰ . ①迷… Ⅱ . ①桥… ②英… Ⅲ . ①盆栽－观赏园
艺 Ⅳ . ① S68

中国版本图书馆 CIP 数据核字 (2019) 第 057190 号

迷你盆栽，乐享四季小生活

著　　者：[日]桥口梨花
审　　译：英珂
译　　者：李亚萍（语言桥）
日文译校：军焰
摄　　影：泷泽育绘
出版发行：中信出版集团股份有限公司
（北京市朝阳区惠新东街甲4号富盛大厦2座　邮编　100029）
承 印 者：山东临沂新华印刷物流集团有限责任公司

开　　本：787mm × 1092mm　1/16　　印　　张：6.5　　字　　数：60千字
版　　次：2019年7月第1版　　印　　次：2019年7月第1次印刷
京权图字：01-2019-0996　　广告经营许可证：京朝工商广字第8087号
书　　号：ISBN 978-7-5217-0309-2
定　　价：52.00元

服务热线：400-600-8099
投稿邮箱：author@citicpub.com

译 者 序

两年前，我的一个好朋友说，为了老了以后还能老有所为，老有所乐，就应该趁现在手脚大脑还灵活时去学点什么。我问她想学什么，她说想学盆栽。我说那好，咱们一起学。

连养植物都没什么信心的我，从没想过去碰盆栽，因为对照顾这类珍贵又娇气的植物毫无信心，所以对它们一直敬而远之。

认识桥口梨花老师，实属机缘巧合。我们想学盆栽的时候，她正好是Hotel Niwa 文化沙龙的盆栽老师，而我的亲戚惠美子又正好是这个文化沙龙的负责人，所以我跟我的朋友就这么顺理成章地成了桥口老师的两个中国学生。

桥口老师的家在东京近郊的小平市，去她家上课中途要换乘三次电车，需要一个多小时才能到达。她是一位单身母亲，跟上大学的女儿住在一栋不大的独栋房子里。离房子很近的地方还有一个 50 多平方米的院子，院子里放满了各种大大小小的盆栽，其中还有不少是正在培育的盆栽幼苗。不去外边讲课的时候，桥口老师几乎每一天都在她的院子里度过：细心地给每一盆盆栽浇水、剪枝，仔细地观察水是否浇透了，树形是否剪到位了。一盆一盆，细致入微。她可以在一棵盆栽前站很久，几乎进入禅定的状态。

这个出生在日本九州宫崎县的女子，祖父、父亲都是著名的盆栽师。她的两个哥哥也是手艺很好的盆栽师傅。他们这一代算起来应该是家族第三代盆栽师了。哥哥们从小跟着父亲摆弄盆栽，很早就入了这一行。但是，桥口老师年轻时因为相貌甜美，还曾做过很多年房地产开发的推销员。那大概是在日本经济高速发展的20世纪80年代和90年代初。课堂上一起摆弄盆栽的时候，桥口老师经常会跟我们聊她年轻时的经历（其实我们的年龄不相上下）。

我记得她说："哎呀，那时候感觉天上都飞着钱，挣钱真容易啊。我都不知道我一年能挣多少，反正就是很多很多。"我估计她说的钱好挣一定是因为她房子卖得好，所以提成就多的缘故。"每天一睁眼就想着今天怎么精神抖擞地去见客户，这样过了很多年。终于有一天，我大哥很严肃地跟我说：'梨花，你还知道现在是什么季节吗？你有多久没看过天空了？'

"我当时心里咯噔一下，是啊，我已经忘了自己是在什么季节。我真的很久没有仰头看过天空。

"后来我离开了那个工作，静了一段时间。那段时间里我去各处旅行，去山里看植物，坐在夜空下看星星，心里感觉异常的安宁。"

接下来，她开始跟着父亲学习盆栽。因为从小对植物的亲近和对盆栽的耳濡目染，她很快就找到了感觉，从此走上了盆栽师的道路，再没回头，直至今天。

桥口老师还是一个喜欢喝一杯的性情中人。我记得她说，每天她都会找一棵盆栽放在自己的餐桌上，跟它们“对饮”。盆栽是她的酒友和伙伴。

这种“自得”还真有点古代文人的情怀呢。以山水为友，与花木相乐。自得其乐不就是心灵的平和吗?

她说她最大的梦想就是去黄山看松，一想到它们在岩石的夹缝中还能那么坚韧挺拔地生长，就已经被感动得要流下眼泪。植物远比我们想象的坚强和有生命力。

愿我们都能在这本凝聚了桥口梨花老师心血的《迷你盆栽，乐享四季小生活》中，找到自得，找到坚强。

英珂

2018 年秋

前 言

迷你盆栽，是指在小小的花盆中养育和观赏的植物。
生长在小小的花盆中的每一株植物，都有属于它们自己的故事。
赏玩盆栽，意在通过盆中的植物体会自然景色的四季轮转。
无论从哪个角度去观赏，都能看到其独有的故事和美。

我们可以在脑海中想象一下：
那些生长在险峻的深山、辽阔的草原、湿润的谷地、
巍巍的山巅和皑皑的雪山中的植物，
从种子破土萌芽，到不断奋力地长大——
盆栽也是这样。
将来，我的盆栽会生长成什么样子呢？
就这样想象着，将手里的盆栽慢慢培养长大。

修剪枝叶的时候，既要想象着修剪后它的样子，
也要想象新的枝丫长出来后它的新面貌。
要在这样的心态下面对每一盆植物。
“它为什么会长成这样的树形呢？”
光是想到这些就已经非常愉悦了。
世间还有什么能像盆栽一样跟我们长久相伴、
深度相处的事物吗？

儿时所见过的自然风景，
山毛榉、银杏、红枫、橡树，都是要抬头仰望的参天大树，
如今它们却在这小小的花盆中悠然地生长着，
真是坚韧不拔，不禁让人心生怜爱之意。

这本书除了介绍迷你盆栽的四季之美、
我个人推荐的可爱的植物种类以外，
还有我总结的一些永葆盆栽生机与美丽的培育要点和方法。
花盆中栽种的每一株小小的植物，它们都自成一方天地。
这本书如果能让你感受到迷你盆栽的魅力所在，
能让更多的人了解培育植物的乐趣，我将十分欣慰。

soboku
桥口梨花

目录

第 1 章 迷你盆栽培育

14 春

18 夏

22 秋

26 冬

32 盆栽的四季姿态和一年中的看护

34 迷你盆栽的培育方法

35 幼苗挑选

35 浇水小知识

35 盆栽的放置场所

36 施肥注意事项

36 病虫害的防治

37 树形定枝

38 园艺工具

39 盆栽用土

39 妙用苔藓

39 花盆的挑选

40 栽种培土及换盆

43 铺设苔藓

44 维持迷你盆栽优美姿态的特殊方法

44 枫树摘芽

45 枫树摘叶

45 枫树修剪

46 柏树的摘芽及剪枝

47 杉树、杜松的摘芽

47 赤松、黑松的摘叶

48 赤松、黑松的摘芽

第2章 迷你盆栽 人气植物

50 樱花树（旭山樱／绯目樱／湖上之舞）
52 贴梗海棠／长寿梅／山茶花／茶树
54 六月雪／紫薇／雪柳
56 迷你蔷薇／酢树／溲疏
58 姬射干／驹草／楼斗菜
60 唐松草／岩团扇（垂头菊）／石蕗（大吴风草）
62 鲜黄连／淫羊藿／青根石化葛／虎杖
64 卫矛（垂丝卫矛／风铃垂丝卫矛）
66 金橘／变叶美登木／紫金牛
68 姬苹果／老鸦柿／落霜红
70 枯干落霜红／紫珠／紫檀
72 火棘／西洋镰柄（山荆子）／日本小檗
74 红枫
76 槭树／花梨（木瓜海棠）／枹栎／山毛榉
78 千金榆／榉树／缩缅葛（小叶络石）／日本榆榉
80 南天竹／南烛
82 杜鹃花／眼镜柳／树参／油橄榄
84 荚蒾／小石积／黄杨／三裂绣线菊
85 黄槿／野葡萄／银杏／柃木
86 黑松／赤松／五叶松／唐松／罗汉松
88 冷杉／侧柏／真柏／杜松
90 杉树／岩桧叶

第3章 迷你盆栽 计划安排

92 **造杂木林**
96 **杂草寄植**
98 **制作苔藓球**
100 **制作新年装饰**

*本书所列栽培时间以日本东京为基准，具体生长状态依当年的天气与气候有所变化，请根据实际情况修剪养护。

本以为是高大的**树木**……

结果却是小小的 **盆景**，

是能放在手掌上的

微型植物。

迷你盆栽虽小却是如此庄严地生长着。

因为植物的种植和养护大多在室外进行，

偶尔把它们带进屋里摆放，怜爱之心会油然而生。

樱花盛开的时节，伴着它喝上一杯，

就是“把酒赏花”了。

放在小勺中。

摆放在桌子上的各种小小盆栽。

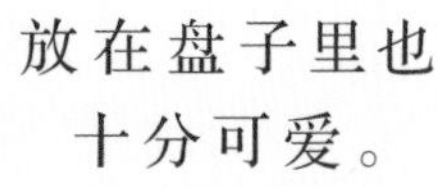

放在盘子里也
十分可爱。

摆放在榻榻米上
也像模像样。

和各式花盆排列在一起当作装饰品
也非常美观。

迷你盆栽跟其他栽在盆里的植物相比，
最大的不同就是它的尺寸很小。
既要保持迷你的树形，又要让它生机勃勃，
需要得当的剪枝及换盆。
当植株的体型大于花盆尺寸的时候，
就要修剪它的枝叶并裁切根系。
重新入盆培土后，即使种在这么小的花盆里，
植物也能悠然自在地生长。

不断地修剪枝叶，
能让植物的树形紧密，枝干牢固，
逐渐成长为健壮漂亮的迷你树。

春

春天是植物萌芽吐绿的季节。
枝条上，新芽一个接一个地冒出来。
沐浴着温暖和煦的春光，
身心平和舒畅。
枝头的花蕾也
一天天地饱满起来。

气温再回升一些，
花儿们便会竞相绽放。
种植在这般小的容器中的植物，
也能开出如此鲜艳的花朵。
看到这样热烈而绚丽的身影，
仿佛令人平添几分生活的力量。

夏

初夏时节，植物新陈代谢周期变快，生长旺盛。
水灵灵的娇嫩叶片一个接一个地
从芽点中舒展开来，
整个盆栽一片新绿之色。
各种杂草也郁郁葱葱，好生热闹。
入梅后，雨水充足，
枝叶更加繁盛。

阳光一日强过一日，转眼间就到了盛夏。
对植物来说这是个十分严酷的季节。
浇水需一日两次；
为了保持盆中湿润，
有时一天要浇三四次。

因为盆中的土壤少，
保水性差，
疏于查看便容易出现干枯缺水的情况。

秋

酷暑渐消，
秋天的气息一日浓过一日。
植物也能感受到这季节的变换。
像是换衣一般，
叶片也渐渐变了新的颜色。

秋高气爽。
沐浴着温暖的阳光，
叶片开始染上色彩，红的、黄的，
就这样迎来了鲜艳浓烈的红叶季节。

观赏红叶对善于感受自然四时的日本人来说，
是妙趣非常的一件事。

树叶不再翠绿，渐渐地染上秋色，
最终变成光彩夺目的深红。

随着季节的推移，
植物也应景地变换着它的姿态。

冬

秋去冬来，
天气慢慢变冷。
植物中，有些是要落叶的，
也有些会在冬季
依然绿意盎然。

为了来年开花，
植物在夏秋就开始积攒能量，
严冬时节里还将继续积蓄。
有的植株可以将初秋时便成熟的果实
一直挂在枝头，直至春日。

四季轮转。
就算过去了一年、五年，甚至二十年，
只要坚持修剪和养护，
迷你盆栽可以始终保持能置于掌心的尺寸，
且能一直朝气十足地生长着。

第1章

迷你盆栽

培育

首先要介绍一下盆栽的基本培育方法和修剪养护时的注意事项。这本书中所出现的盆栽均不借助钢丝等外力塑形，而是通过修剪达到自然的弯曲效果。虽然和常见的培养方法略有不同，但是这种质朴悠闲、随心生长的树形更加招人喜爱。

盆栽的四季姿态和一年中的看护

培育植物的乐趣之一便是欣赏其四季的不同模样。
我在这里要向各位介绍人气品种旭山樱的四季之美，
同时总结它在一年中的养护注意事项。

3月中旬

花蕾逐渐饱满

此时寒冷虽然还未完全褪去，但粉红色的花蕾已经能感觉到春天的气息，逐渐饱满起来。盆栽以肉眼可见的速度变换着模样，令人爱不释手，怎么看都看不够。

3月下旬

花开

旭山樱是樱花中的人气品种，花朵绚丽，具有花量大、重瓣、容易培育的特点。花季时，在家中尽情地赏花吧。

4月中旬

花期结束后的护理

花谢之后枝头便会长出新叶，此时需将花蕊残枝剪除干净。偶尔会结出数颗果实，也可不剪，不妨留在枝头观察它一点一点地长成红彤彤的樱桃。

剪掉残花

花谢后，便应当及时将花枝剪除。如果让其留在枝头继续生长，则会消耗植株大量的营养，植物会生长不良。

杀菌及杀虫

樱花易受蚜虫、介壳虫、梨网蝽、小透翅蛾等虫害。虽然在出现病虫害后再除虫也为时不晚，但平时也应注重杀菌及病虫的防治。常见防治方法详见第36页。

盆栽施肥

樱花需要的肥量较大。种植樱花，施肥尤为重要。新叶时期到7月末需大量施肥，来年才能更好地形成花芽，开出繁盛的樱花。施肥要点详见第36页。

5月中旬

修剪新枝

花期后，枝叶陆续长出。因为长到一定程度就会停止生长，因此需要对长势过猛、枝条过密的部分进行疏剪，剪至第二至第三芽点处即可。修剪注意事项请参考第37页。

在新长出的枝条中，剪去2芽以上部分，水分过多容易造成徒长。叶片茂密的枝条没有伸出过长时，不剪也没关系。为了避免消耗过多的养分，生长季需要随时减掉萌蘖枝、徒长枝，从而保证养分集中输送至造型枝。

这个时期也要为来年考虑，留出花芽。一边想着来年让樱花开在枝头何处，一边对枝条进行修剪。

6月中旬

确认花芽

花期后对新枝叶修剪完毕，此后并不需要对它进行额外的修剪造型。阳光下，叶片色泽越来越深，来年的花芽也在不断生长。叶片对于盆栽秋日的红叶景观十分重要。

10月下旬

红叶和落叶

夏季不需要对盆栽进行施肥，可至9月~10月再次施肥。10月下旬步入红叶时节，11月末叶片全部凋零。樱花树将以此状态迎接寒冬，等待来年春暖花开。

叶片由绿转红便是红叶期的讯号。红叶期前也会有落叶的情况出现，只要花芽充满生机，来年就一定会开花。

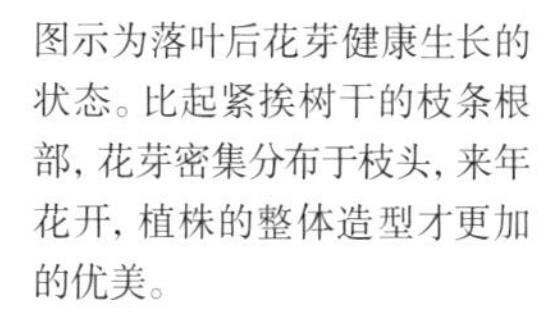

图示为落叶后花芽健康生长的状态。比起紧挨树干的枝条根部，花芽密集分布于枝头，来年花开，植株的整体造型才更加的优美。

迷你盆栽的培育方法

迷你盆栽种植于小尺寸容器之中。你也许会担心，在这么小的容器中也能养好植物吗？但是，植物是能适应容器的尺寸而生长的。因为根系和枝叶的生长都会按照一定的比例，所以将根系修剪至适合容器大小的程度，新长出来的叶片自然也会变小，不会出现很长的枝丫，整体株形自然而又娇小紧凑。换句话说，当枝条过长，叶片过多时，考虑到容器的尺寸以及整体造型的平衡，就需要对植株进行一定的修剪。

植物生长必不可缺的是阳光和水分。因为迷你盆栽像可爱的杂货一样，所以很想把它装饰在家里的某个角落。但还是应将它放在向阳通风的地方进行浇灌养护。同时，肥料也很重要，这是能让迷你盆栽开花结果的关键。

迷你盆栽的魅力在于它的娇小可爱。它和田野大地中生长着的那些富有强大生命力的林木最大的不同之处，就是它的这份纤细玲珑。将这样小巧的植物养上10年、20年，甚至是一辈子，它在保持娇小身材的同时，也能拥有如大树一般健壮的枝干，傲立于盆中。

幼苗挑选

一般的园艺店里销售的迷你盆栽幼苗种类并不丰富，建议前往专卖盆栽的店铺或当地的盆栽市场挑选购买。如果没有相关的专卖店时，也可以在网店挑选购买。

打算完全从头开始养护盆栽的人，建议购买带营养土的简易钵苗，同时再购买花盆。我觉得直接养护已经种在盆中的盆栽幼苗更易于上手。盆栽园艺用品可以在日用杂货店中买到。

浇水小知识

养迷你盆栽最重要的环节便是浇水。因为迷你盆栽的花盆尺寸较小，使用的又是透水性很好的赤玉土，植物很容易缺水。因此浇水时建议使用小的花洒喷壶。

浇水需要浇透，浇至水从盆底流出。需要注意的是，不要在盆底积水。一天浇水一到二次，保持土壤表面湿润即可。盛夏气温高时，每日需要浇水三至四次。当然，也可以将花盆直接放在浅盆之中，由盆底浸透。

盆栽的放置场所

基本规律就是将盆栽放于朝阳、通风性好的地方。浇水后，为了不让盆栽长时间处于湿润状态，需要将其转移到水分易挥发的地方。赏玩品鉴时，可以将盆栽安放于室内一天，第二天就需要把植物挪到外边晒晒太阳。

盛夏时节，强烈炽热的阳光容易晒伤植物叶片，午后将盆栽移出并用苇帘等遮挡，让光线柔和。冬日，当温度过低，盆土有被冻住的风险时，需要将盆栽放入泡沫箱中盖上盖子以达到保温的目的，也可避免植株遭受霜冻。

施肥注意事项

肥料分液体肥和固体肥，我推荐肥力和缓又持久的缓释肥。像能开花结果的蔷薇科和松柏类植物都需要大量施肥。但是草本类的植物对肥料倒是不太需要。通常在花期后施肥，避开夏季。秋季施肥是基本的规则。肥料直接接触植株会将其烧伤，所以施肥时请避开根系叶片。

照片中，右侧为天然材料制作的有机肥，左侧为含有氮、磷、碳酸钾元素的人工复合肥料，三种元素的配比为 12 : 12 : 12 或者 8 : 8 : 8 就可以。复合肥容易烧根，请酌情使用。直径9厘米的花盆，一次放两颗就足够。需要避开换盆后的两个月，等植株定根才可施肥。梅雨时节，肥料很快会被雨水溶化，请不要施肥。

关于施肥镐具

将装有肥料的镐具插入盆土中，然后从镐具上方浇水。肥料不要直接接触土壤和植物，浇水后肥料很快干燥最好，这样可以避免施肥过量。所用镐具可自制，比如可以在金属的红酒瓶塞上缠绕30厘米左右的钢丝大约6至7圈，然后简单整理形状，做出一个能放进肥料的篮就完成了。当然也可以尝试制作各种造型。

病虫害的防治

如果遇到植株遭受了病虫害的侵扰，应当及时有效地杀虫杀菌。发芽和开花时期，以及花期后都需要定期防治，这可以有效地减少病虫害。易发的病虫害多为蚜虫、介壳虫、梨网蝽、小透翅蛾及白粉病等。

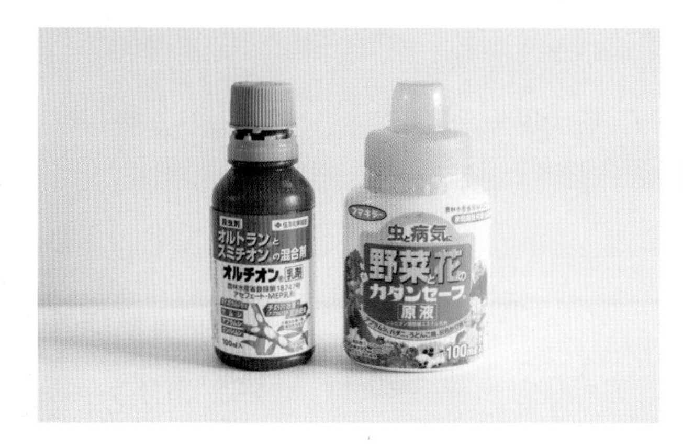

照片中左侧的药品是强力化学药剂，使用时请注意防护以免进入体内。右侧为以食品为原料制作的自然派温和药剂，使用简单无忧。除蚜虫时，也可将中性洗衣粉兑水稀释，用喷壶喷洒于植株，效果也很好。

树形定枝

植株修剪造型通常在春夏两季，目的主要是两个。其一，剪除枝条过长的徒长枝，通风好了以后利于植物呼吸，株形也会更加紧凑。修剪后促进它长出腋芽，整体的叶片数量也会增多。基本要求为修剪至二芽处。如果想进一步缩减株形的话，剪至一芽处也是可以的。修剪时的重点就是由上至下，一点点地修剪，一定不会失败。

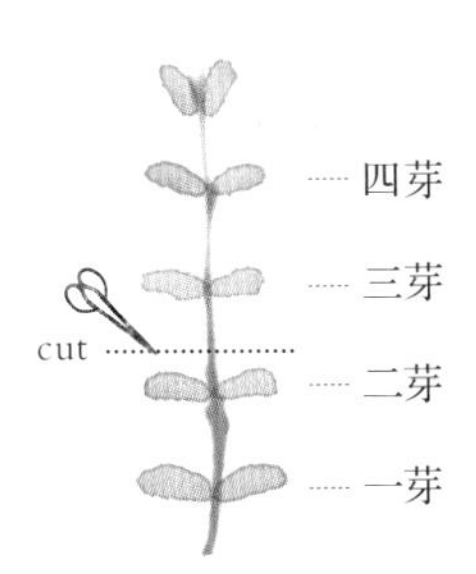

其二，剪去盆栽用语中所谓的“忌枝”。下边列出一些“忌枝”的典型代表，以供修剪时参考。

上述这些都是盆栽修剪的基本法则。因为盆栽的造型没有完全相同的，因此修剪也就没有所谓的对错之分。新芽会从修剪后的枝干节点处长出来，所以你可以想象一下日后将会长出什么样的新枝。简单来说，清楚盆栽造型就是修剪的要求。如果对自己的判断不确定，不知从何下手，那不妨先把盆栽放远一点，远观一下，可能就会有新的灵感出现了。

“忌枝”的典型代表

- 剪除枯枝
- 剪除萌蘖枝（萌蘖枝是从根或干上萌发出来的枝条，又称潜伏芽）
- 剪除交叉枝之一（交叉枝指两个枝条相互交叉）
- 剪除立枝（立枝是从植株基部或茎干的某一部分抽生的直立生长的枝条）
- 剪除下枝（朝下生长的枝条）
- 剪除车枝（同一位置生长出三根以上的枝丫，留下两根，其他的剪掉）
- 剪除内突枝（朝内生长的枝条）
- 剪除门栓枝（与主干相同高度生长的两根枝条，剪掉一根留一根）
- 剪除影响主干生长或朝相反方向生长的枝条

园艺工具

这里将介绍盆栽修剪以及日常护理所需要的各种工具。因为植株自身十分娇小，所以应当挑选尺寸小且操作灵活的工具。使用合手的工具，能让你更加喜欢植物，更加爱护植物。

修剪用具

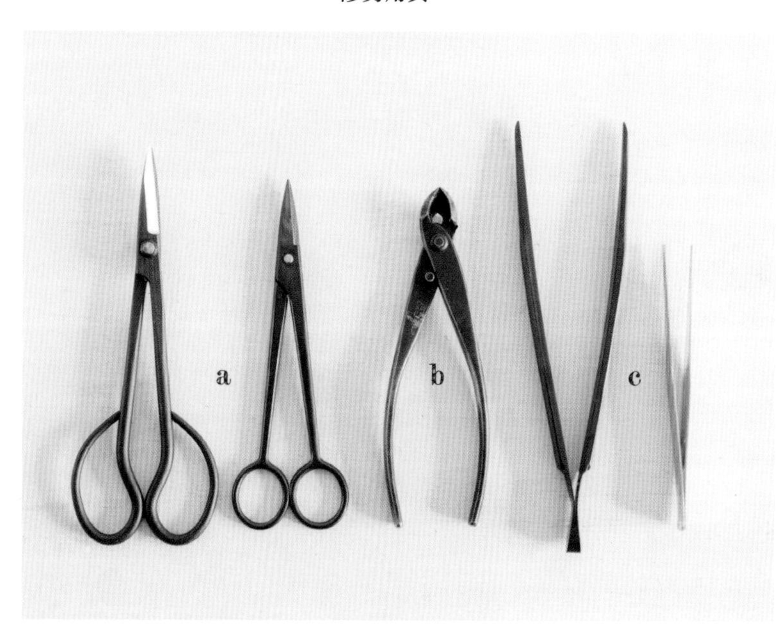

a　细枝用花剪

修剪细枝及叶片所用花剪分为两种。图中左侧为一般修剪所用，右侧为修剪五叶松叶芽等细小部位时所用。剪刀均为“八木光”铁制产品。

b　叉枝用花剪

用来剪除三叉分支中间的枝条，以及修剪用细枝花剪剪不动的粗枝，也是“八木光”产品。剪刀越是锋利好用，对植物的损伤就越小。

c　镊子

根据不同用途，镊子分为大小两类。除草等作业可用左侧的大镊子，右侧不锈钢的小镊子可以用来铺苔藓等比较精巧的装饰物。

换盆、上盆用具

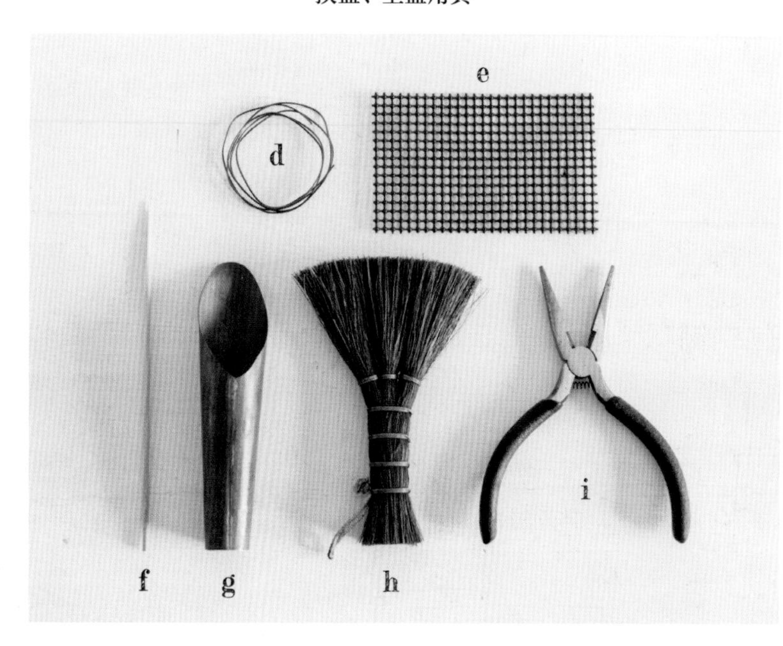

d　金属丝

用来固定盆底的滤网以及植物根系。铝丝柔软易弯曲，使用起来更加得心应手。

e　盆底滤网

用于防止盆土从底部洒落。使用时剪下与盆底大小相同的尺寸。

f　竹签

植株换盆上盆时，用于清理围在根系周围的泥土。同时，移栽后可以用它把土壤填满，直至根系之间的缝隙。

g　培土用具

上盆培土时用的筒铲型号尺寸很多，使用时请挑选与花盆大小相符的用具。

h　棕榈扫帚

修剪或换盆等工作结束以后，可以用它来清理撒落在外的泥土和枝叶等。有一把棕榈迷你扫帚很方便。

i　钳子

盆景上盆或换盆时，用钳子将植株用钢丝拧紧固定。

盆栽用土

最好使用通气性好、排水性强的土壤。一般情况下，只用赤玉土一种即可。但为了增加土壤的透气性，建议与桐生砂及富士砂混合着用。三色土混合起来也十分美观。另外，黑色或白色的盆土用于装饰表面也很好。

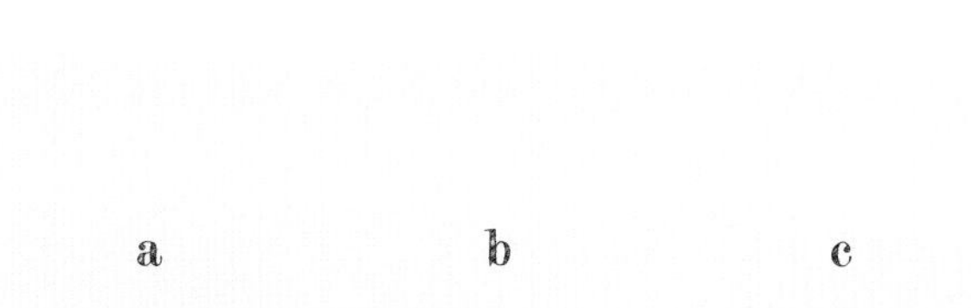

a　赤玉土 / 园艺中广泛使用的一种优秀土壤介质，具有透气、保水和保肥三大优点。迷你盆栽中常使用颗粒较小的赤玉土，不过，盆底可以选用中等颗粒的土作为盆底石。

b　桐生砂 / 常与赤玉土混合使用以提高盆土的排水性。保水性也很好。随着使用次数的增加，会慢慢崩散，最好用于需要经常换盆的植物。同鹿沼土色泽基质相似。

c　富士砂 / 与桐生砂作用相同。不过，颗粒坚固不易散，也适用于不常换盆的植物。

土壤混合的方法

基本配比为：赤玉土6，桐生砂2，富士砂2。因为松柏类植株喜爱排水性强的土壤，喜欢砂质土壤。桐生砂与富士砂二者选择其一也是可以的。

妙用苔藓

迷你盆栽上盆后，在盆土表面铺设苔藓可以让盆栽整体看上去欣欣向荣而又妙趣横生。苔藓扎根困难，喜阴喜湿。而且铺了苔藓以后很难判断盆土表面的干湿情况。因此除了在有特殊需要时进行铺设以外，还需要定期更换才能保持长青。

绿苔的种类繁多，在园艺店或盆栽用品店都可以买到。照片中所展示的三种是比较常见的。a —庭院白发藓（山苔），b —仙鹤藓，c —小金发藓。

花盆的挑选

花盆的形状、尺寸、颜色丰富多样，需要挑选与植物相宜的花盆作为盆栽容器。例如，细长花盆适合种植较高的直立型植株，左右都很饱满的植物应当搭配厚重且有分量的平矮器具，以达到视觉上的平衡。松柏类植株应当种植在陶土制的花盆中。

花盆的世界十分深奥复杂。有名家制作的花盆、古董花盆，甚至还有能放于手指尖的微型花盆。花盆的收藏家也不在少数。

栽种培土及换盆

这里要向大家介绍钵苗上盆时，
如何清除根系的旧土、剪掉长根以及培土等步骤。
这些作业大多是在春秋两季进行，冬夏请勿上盆或换盆。

1

将钵苗从土中取出，清除根系宿土。注意不要弄伤根系，需要细心地操作。

2

用竹签或牙签仔细地清理细小的根系。建议在土壤略干的情况下进行操作。

3

清理宿土后的根系状态：根系粗细分明，自然舒展。

4

剪除老根和粗根。剪除正中部直扎的根系。

5

现在剩下的均为细根，但从创口处还会长出大量的新根。因此剪除较长的根系，这能让根的数量增加。

6

根系修剪成适合花盆尺寸的长度。因为根会向四面八方蔓延并变得十分浓密发达。这就是专业上所说的“根部伸张得很好”。

7

剪一块与花盆底部孔洞尺寸相符的滤网，然后用钢丝固定在花盆底部。将钢丝拧成如图的弯形状态。

8

将钢丝自滤网上方穿过盆底的孔洞，垂直于弯曲钢丝两端。

9

将穿出盆底的钢丝拧弯，沿着盆底固定好。

10

再剪一段较长的钢丝，穿过底部的孔洞，沿花盆内侧向外拉伸。

11

底部薄薄地铺一层中等颗粒大小的赤玉土，以增加盆土的透气性和排水性，同时也可防止烂根。

12

放上植株并用小粒赤玉土填埋。详情参考第39页关于土壤混合的说明。

13

借助竹签或木片等工具，将土壤填充至根系缝隙。

14

预留出的固定根系的钢丝，将根部固定好以后便可以剪除多余的部分。

15

用钳子将两端钢丝拧紧，将植株的根系牢固地固定好。

16

将钢丝顶端埋入土中。

17

用莲蓬头浇透盆土。开始渗出的是浑浊的带着土的水，一直浇至渗出清澈的水为止。

18

上盆完毕。如图所示，铺上苔藓这个作品就完成了。

铺设苔藓

上盆、换盆步骤完成后，
铺上苔藓可以达到美化盆栽的效果。
请准备好剪刀、镊子和苔藓，开始铺设吧。

1

将苔藓泡水湿润，斜着将褐色的部分全部剪短。

2

斜着剪的目的是不让褐色的部分显露出来。

3

用镊子轻轻地将其铺植于盆土的表面。注意铺设苔藓时也可以将倾斜的植株复位并固定位置。

4

剪一些小尺寸的苔藓铺于缝隙处。

5

用镊子将花盆边缘溢出来的苔藓塞进土里。

6

最后完善整体造型，整理细碎的小片苔衣，将其埋入缝隙。铺植结束后浇水。

维持迷你盆栽优美姿态的特殊方法

迷你盆栽与普通盆栽的不同之处，是将本可以长大的植株养在小花盆中。所以，为了保持盆栽迷你的形态，需要一些特殊的培育方法。

4月中旬

枫树摘芽

开春，枝条上陆续会冒出新芽。摘芽就是当第二芽长出以后，将先长出来的第一芽保留，将第二芽（长势旺盛的第二芽）摘除。杂木类的盆栽均需要摘芽。摘芽后长出的叶片娇小，枝节短，不会过度地伸展，树形也会更优美。

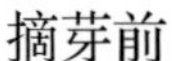

摘芽前

摘芽后

第一芽展开，第二芽冒头后，用剪刀或手把嫩芽的前端摘掉。这样既可以抑制枝条顶端的生长，枝干间的生长也不会过于活跃，同时，继续往上长的势头也会被控制住。这样一来，树形整体就会显得壮实，还能促进其他枝丫的生长。因此，适当地掐掉新芽很关键。

枫树摘叶

园艺术语中的“摘叶”就是在叶片全部长成、变硬以后，将其摘除。摘叶后，会长出很多整齐的小叶子。同时也会有很多新枝长出来。剪掉过于强壮的枝叶可以抑制植株的长势，新长出来的嫩叶会变成更加柔美的红叶。

摘叶前　　摘叶后

摘叶只适用于枫树、山毛榉等生长旺盛的树种。用剪刀将叶片全部剪去，只留少许茎梗。摘除全部叶片会对植株本身造成很大的负担，造成病害多发，因此摘叶需要在植株生长旺盛、健康时进行。

春·秋

枫树修剪

枫树等杂木类枝叶生长十分旺盛，为保持其树形，枝叶长出来就需将其剪至一芽处。修剪最好在春秋二季进行。如果春季修剪了，那么秋季就不需要再次修剪。

修剪前　　修剪后

5月~9月

柏树的摘芽及剪枝

松柏类植株中，松树、真柏、杉树、杜松是需要摘芽的。柏树可以用手摘除枝叶顶端的黄绿色新芽。摘芽后长出的叶片会变小，从而保持植株整体造型的小巧紧密。

摘芽前

→

摘芽后

留下二到三芽，剪掉长出来的叶子。修剪时期在9月至10月。

新芽会陆陆续续长出很多，需要勤快地不断摘除。

摘芽后

4月~10月

杉树、杜松的摘芽

黄绿色的新芽陆续从枝头簇拥着冒出来时，要在它们还没生长开时将其摘除。杉树及杜松的萌芽长势极其旺盛，要及时摘除。摘芽后新长出的叶片会变得柔软，数量也会增多。

摘芽十分简单，用手或者镊子都可以。

摘叶后

5月上旬

赤松、黑松的摘叶

春天，新芽长出时，将芽点下方的叶片摘除，只留3到4枚松针即可。这一步骤称为“摘叶”。“摘叶”及“摘芽”，会让植株新叶的尺寸缩小。这个方法又称作“短叶法”。

赤松及黑松的叶片会伴生出两个叶鞘，需要将下方的叶鞘摘除，只留3~4枚松针。赤松的摘叶比黑松早2~3周进行。

6月

赤松、黑松的摘芽

将长势旺盛的一轮芽摘除后，枝头会长出细小的二轮芽，这会让松针的数量增加，长芽的时机也变得一致。摘芽后树的长势会变弱，这时候需要给它们施肥，增强力量。但是当叶片软弱、叶数很少或很虚弱的时候不要进行这样的操作。

摘芽前

→

摘芽后

枝芽数量较少时，分两次进行摘芽，第一次与第二次间隔一周。第一次摘掉弱芽，第二次摘掉壮芽。弱芽摘除后新芽的出芽会比较慢，摘除壮芽后，待新芽长出，它们的出芽时间正好统一。赤松比黑松早2~3周进行。

摘芽后……

长出新芽

图示为第二轮芽长出的状态。较第一轮芽更加细小柔软，数量也有所增加。将同尺寸的松芽留下2芽后其余部分均可摘除。

摘除老叶

新芽长出后，叶子会逐渐硬实起来。可以摘除去年留下的老叶。

第 2 章

迷你盆栽

人气植物

这章将给大家介绍从赏花、赏果、赏叶类，到山野草、观叶类的人气迷你盆栽。这里既有花费数十年培育的美丽曲枝、纤细却富有年代感的树干肌理，也有四时变换的景色，与盆钵间的相合。看点满满。

樱花树

蔷薇科　樱属　落叶乔木

主要开花时间为3月中旬至4月中旬。花谢后自叶柄处剪掉。

5月中旬至月末修剪新长出的枝叶，同时给植株造型。

入梅至夏季结束，来年的花芽就开始形成了，7月后请避免修剪。

除了避开盛夏与隆冬施肥以外，请不要停止给予养分，因为会影响来年开花的数量。

夏季，叶片大，水分容易蒸发，需要勤浇水。

10月下旬，叶片变红，可作为红叶欣赏。（详情请参考第32页至33页）

旭山樱

淡红色的八重花瓣的种类，每年开花的量都很大。因花量大，又被称作“一岁樱”。是树形紧凑又好养护的优秀品种。市面上常见，推荐给盆栽的新手种植。

绯目樱

是分布在日本富士山周边及箱根附近的一种叫富士樱（别名豆樱）的樱花与寒绯樱的杂交品种。小小的花朵呈红色，单瓣、朝下开放。

湖上之舞

是富士山樱的近亲，在富士山附近被发现，属于“云龙”矮种樱花。“云龙”意为枝干如云间游龙一般蜿蜒。因其枝条弯曲生长，树形变化多端。

贴梗海棠

蔷薇科 木瓜属 落叶灌木

别名叫“草木瓜”。与枝条向上生长的木瓜不同，贴梗海棠的枝条横向生长，又如草一般直立着，所以才有了这个别名。枝条上随处可见由小枝芽演变成的小刺。花期为3月至5月，一般是单瓣的朱红色花朵。一旦结果就会消耗植株大量的营养，建议花谢后将花柄摘除，让枝条生长。中元节前后将枝条剪短，为来年花芽的生长做准备。

长寿梅

蔷薇科 木瓜属 落叶灌木

草木瓜的变种植物。虽然四季开花，但花期主要还是在春季。花朵一般为红色，也有白色。花谢后摘除花柄。一年中会自然地多次落叶，落叶后很快就长出新叶。缺水或肥力不足也会出现落叶现象。8月下旬对植株进行修剪。避开挂着花芽的短枝，留下2株至3株长枝。如有萌蘖枝，就从枝条的根部彻底剪掉。

多摩锦长寿梅

花朵底色为白色，瓣上晕染点点的朱红。因为是东京多摩地区的自生品种，因此得名“多摩锦”。红白花朵交错开放让植株呈现美丽的变化。

白花种

白花种的长寿梅只在春季开花，秋季一般不开花。花苞为绿色，开花后逐渐变为白色。

山茶花

山茶科　山茶属　常绿灌木

叶片厚实、常绿，饱满又富有光泽，观赏性很强。花期为1月至3月的寒冷时期。花谢后会“扑通”坠落枝头。修剪及换盆时期最好在5月中旬。照片中所展示的品种为美人茶（单瓣红山茶）。花朵为粉色带淡红色晕，单瓣开放。山茶花是花叶娇小美观的优秀品种。枝条属于蜿蜒生长的云龙型，趣味性强。

茶树

山茶科　山茶属　常绿灌木

山茶近亲。花期在10月至12月，白色的花朵看起来比山茶花娇小。可作为观赏花。5月的长芽前期为修剪期。修剪全凭个人喜好，无具体要求，也可深剪。修剪后还会长出新芽。夏季花芽开始生长，上午接受阳光，午后光线强的时候，将它们移至避免日晒的地方。冬季建议移放至屋檐下，防止霜冻。

美人茶花蕾

花蕾大约会在1月中旬陆续开放。所有的山茶花开花时间均大致相同，未开花的一般是肥力不足导致。需要补施液体肥促进开花。

茶树花

茶树花雄蕊较长，开花时花柄下弯，略微垂头。一般为白色，也有少量铜色叶淡紫色的花。茶树与雪椿山茶自然杂交的“炉开椿”品种会开出淡粉色的花朵。

六月雪

茜草科　六月雪属　常绿灌木

小小的蛋形叶子娇小可爱，枝条纤细，花朵呈淡紫色。
盛放后花瓣逐渐变成白色。四季开花且花量大，观赏性很强。
生长旺盛、萌芽力强，枝条十分强健。生长期内（从春至秋）任何时候均可修剪。
考虑到树形，可以留下一芽到两芽。同时，生长期内水分需求旺盛，
注意避免出现缺水情况。喜肥，肥力充足则勤开花。
换盆宜在春季进行。修剪根系时，创口处会有淡香。

单瓣六月雪及重瓣六月雪

六月雪有单瓣与重瓣之分，它们的习性和培育方法相同。喜生长于向阳通风的场所，但在稍稍背阴处也不会影响生长。冬季注意防寒，最好将盆栽移放至背风处。

紫薇

千屈菜科　紫薇属　落叶乔木

又名“百日红”。花期为7月至9月。花期内新枝上长出花芽，长出五片新叶时可以进行修剪，修剪时留下一芽，可以欣赏短枝上的花开，花团锦簇十分美丽。9月修剪枝条时，留下1至2芽，剪掉花梗，让植株休息。紫薇喜水，如果放在日照不足、通风不佳的场所容易染病。冬季需要将盆栽移放至室内或屋檐下。

雪柳

蔷薇科　绣线菊属　落叶灌木

4月，雪柳的枝头上会长出很多白色小花，这是宣告春天的到来。剪枝可以在花期后。老枝会逐渐衰弱，所以修剪时尽量从根部剪除粗壮的直枝及老枝以及枯枝。剪得越狠，植株越能重获生机，枝条也会焕然一新。换盆期在秋季。

雪柳种植在浅盆里，不易长出徒长枝，枝条会比较柔软。萌蘖枝可以为盆栽增加自然野趣，不必剪除。

紫薇花

紫薇花叶娇小，花瓣皱缩如纱。开花时十分华丽。花色为深粉、淡粉与白色。有“紫薇花开百日红，轻抚树干全身动”的特性。又被称为“痒痒树”，用“猴子爬上去能滑下来”来比喻其树干光滑柔美，魅力无穷。

雪柳花

拥有单瓣开放的五片花瓣。花色为白色和粉色。前一年的9月至10月开始长出第二年将要开花的花芽，因此此时要避免修剪。一般在花期后对盆栽进行一次性的修剪，不必二次修剪。

迷你蔷薇

蔷薇科 蔷薇属 落叶灌木

小型矮种蔷薇。花朵为小朵或中小朵。花期为从春到秋，多数为多季开花品种。

花期后可以深剪至植株的一半，这样可以引发其更快地发芽和长出花苞。

希望它开花就要追肥，花期切记不可断肥。

10月后为休眠期，需要施基肥。

由于抗病虫害能力比较弱，因此浇水时需要仔细检查，以便及时发现并解决问题。

雨期较长时容易染病，需要将盆栽移放至屋檐下。

迷你蔷薇的花

花色有白色和粉色，十分丰富。单瓣、复瓣、重瓣等种类均有。树形也各不相同，如直立型和横展型，等等。夏季强烈的光线及高温会灼伤植株，要将盆栽移放至阴凉处管理。蔷薇喜水，夏季蒸发量大，每日需浇3～4次水。

酢树

杜鹃花科　越橘属　落叶树

生存在从关东以西的本州岛到四国的山地。属自生植物，接近蓝莓。因为果实和叶片带有酸味，因此得名“醋树”。花期为5月至6月。花朵如照片所示，为细长铃状。叶片在秋季会逐渐变成红色，十分漂亮。花期后，可以随时根据喜好修剪新长出的枝条。修剪时间避开隆冬即可。

溲疏

虎耳草科　溲疏属　落叶灌木

枝干内空洞无芯，又被称作“空心木”。溲疏花在卯月（日本的4月）开始孕育花蕾，因此得名“卯之花”。花期为5月至6月，枝头处会开出直径1厘米左右的白花。植株茂盛，近地面处会生出大量枝条。花谢后不必修剪。7月中旬，修剪过长的枝条。溲疏还有重瓣粉色与混色等品种。

酢树花

花期为5月至6月。上一年的旧枝头上会长出总状花序，1至4个花朵下垂开放。为略带淡绿色的吊钟形白色花朵，自花柄处生有5根红色筋脉。雄蕊数量为10株。

姬溲疏

日本原产的小型溲疏。花色纯白，具有溲疏的特征，叶片生少量绒毛。枝条3年至4年后枯死，需要及时更新。

姬射干

鸢尾科 鸢尾属 多年生草本植物

小型鸢尾，喜生长于通风明亮的背阴处。冬季时，植株地表部分会枯萎。春季大量淡绿色的细叶冒出地面，叶间伴生有花茎。花朵于花茎顶部开放。姬射干花期为5月至6月。因为是沼泽或水边生植物，需水量大。根系横向繁殖蔓延，每隔2年至3年需要分株换盆。换盆期为2月至3月。

休眠期与花

冬季，姬射干植株的地表部分会枯萎，新芽隐藏在根系之中。需要定期对盆栽浇水护理。花色为白色与紫色。

驹草

罂粟科 荷包牡丹属 多年生草本植物

盆栽界的人气植物。生长在高山荒原，有“高山植物女王”的美誉。叶片纤细，略带白粉。花期为5月至7月。开花后果实成熟，花茎枯萎。与娇弱的花朵相比，驹草的根系十分发达。换盆期为2月至3月。换盆时，需要剪除三分之一的根系，注意不要伤到主根。驹草不耐高温，夏季注意遮光防晒。冬季需要持续浇水。

驹草花

驹草花有白、粉、红三色。花瓣为4片。2瓣在外，袋状外扣。因花苞未开时酷似马脸而得名。

耧斗菜

毛茛科　耧斗菜属　多年生草本植物

盆栽品种中既有日本原产深山耧斗，也有欧洲产西洋耧斗。

耧斗品种繁多，花色也十分丰富。有白、紫、粉、黄等。重瓣开放，花期为5月至8月。

冬季时地表部分枯萎，只留根系以抵御寒冬。春季，花茎长出地面。

虽然是多年生草本植物，但育龄3年左右会老化变弱。

可以通过播种或在3月份分株来更新植株。喜阳，盛夏光线过强容易灼伤叶片，

午后需要采取遮阳措施并将盆栽移放至通风处。

耧斗菜及种子

耧斗菜具有垂花性。外侧下垂漏斗状部分为花冠，内部桶状为花瓣。花谢后不摘花柄会结出褐色种子。成熟后，种子从枝头掉落长成新的耧斗。

唐松草

毛茛科　唐松草属　多年生草本植物

唐松草品种繁多，花朵被视作夏季来临的信号。盛开时酷似唐松松针，因此得名“唐松草”。
早春时节发芽，花朵绽放于长茎顶端。花期为5月至8月。
花谢后1月至2月种子成熟掉落。深秋叶子变黄枯萎，全部凋零后植株进入休眠期。
夏季容易发生烧叶现象，需要将盆栽放置于通风背阴处。
换盆最佳时期为3月。

唐松草花

重瓣开放，花瓣为细丝状。花色为白色与紫色。雄蕊密聚，外形似花。叶片纤柔颇具美感。

岩团扇（垂头菊）

菊科　垂头菊属　常绿多年生草本植物

叶片形如团扇，因此得名“岩团扇”。早春时节叶片冒出地面。花茎生叶腋处。岩团扇花又被称作“春之使者”。叶片常绿，厚，富有光泽。降温时会变成红色，气温回升后恢复绿色。喜阴湿，夏季高温时需要勤浇水避免干枯。

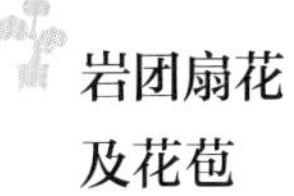

岩团扇花及花苞

花瓣处呈齿轮状。花的颜色除粉色外还有白色与深红色，为根系繁殖。茎干自母株长出地表，从而生出子株的芽及根系。

石蕗（大吴风草）

菊科　大吴风草属　多年生莛状草本植物

叶片全部基生，莲座状。柄长、叶圆厚。常绿，表面富有光泽感。喜阴。原生植株株形较大。养于迷你容器时生长受限，叶片娇小。秋冬季花茎自地下长出，花期为10月至12月，外形如菊花。叶片表面会蜷缩起皱（如下图所示），变化丰富。叶面如绿海起波，趣味盎然。

鬼面

该品种叶片质厚，叶缩（植物叶片的一种绉缩现象）强。石蕗新芽被生褐色绒毛包裹，长成后绒毛脱落。

鲜黄连

小檗科　鲜黄连属　多年生草本植物

生长在山坡灌木草丛有光亮的地方，春季发芽后，花茎长出。
4月深红如莲的叶片展开时，藤紫色的花朵仰头绽放。
一茎一花，一茎一叶。花谢后叶柄进一步生长，逐渐长为绿色的宽大叶片。
秋季进行分株，为来年的新芽做好准备。
叶枯后冬芽进入休眠状态。枯叶及时摘除。
分株作业的时间需要避开冬季。

新芽

3月前后，红紫色的娇嫩新芽冒出地面。冬季需要在盆中新覆一层土壤以保护新芽不受冻害，也可防风防霜。休眠期需定期浇水，避免根系干枯。

淫羊藿

小檗科 淫羊藿属 多年生草本植物

约有20种，有冬季落叶和不落叶之分。花色丰富，有粉、白、黄及复色等。春季，叶片与花茎同时长出地面，花叶同开。叶片为薄纸质，被生绒毛。一茎分三枝，一枝分三叶，因而得名“三枝九叶草”。夏季可放置于明亮的背阴处，冬季移到避风保暖处。繁殖方式有播种和分株两种。

青根石化蔔

蕨科 蕨属 多年生草本植物

蕨类植物。叶子有节是它的特征。轮廓为三角形至广披针形。夏天落叶，冬季常绿。附生在树干或岩壁处。横卧状根茎长而粗壮，表面为翠绿色，因而得名“青根石化蔔”。可以通过截取地表根茎扦插繁殖。喜阴好湿，注意挑选适当的场所放置盆栽。

虎杖

蓼科 虎杖属 多年生草本植物

日本本土品种，各地广泛分布。原生高度可达两米。11月，植株地表部分枯萎，进入休眠期。休眠期需定期浇水，避免根系干枯。繁殖力旺盛，春季长出地面的嫩茎可作为野菜食用。味道酸涩。茎干粗壮、空心无毛，散生红色或紫红色斑点。嫩叶带红色。花期为7月至10月，开穗状白色小花。可通过种子或根茎繁殖。

卫矛

卫矛科　卫矛属　落叶灌木

树分雌雄，如果想观果需要雌雄均培育。

花期为5月至7月，此时需要将雌雄树相靠放置。授粉时忌雨水。

但是植物本身喜水，所以要保证浇水。为提高授粉成功率，浇水时请避开花朵。

缺肥时难以结出果实，请注意追肥。

2月前后，新芽尚未长出时为最佳修剪期。

秋季，树叶颜色由绿转红，十分美丽。

果实的变化

授粉后枝头会结出绿色的果实，11月左右成熟变成红色。熟后裂瓣张开，露出里面被橙红色假种皮包裹的种子。种子为白色或粉色。12月中旬至1月为种子的采收时间。采收后，植株进入休眠期。

垂丝卫矛

花梗细长倒垂。果实较大，直径约1厘米。秋季成熟时为红色。熟后裂作五瓣，露出中间橙色的种子。各种卫矛的繁殖方法相同。夏季日照强烈，注意预防烧叶。具备雌雄同株的特点，单株即可结果。

风铃垂丝卫矛

果实裂瓣数为4，张开时形似羽翼。倒垂的果实酷似风铃，因而得名“风铃垂丝卫矛”。成熟后果实裂开，露出中间的橙色种子。雌雄同株。

金橘

柑橘科　金柑属　常绿灌木

金柑类植物。单株即可结果。花期为6月至8月，秋季为果实观赏期。1月至2月长出花芽。春季，单花或2朵至5朵花集生于叶腋，具短柄。修剪期为5月至6月，此前任其生长即可。留下2芽至3芽，剪除徒长枝，同时整理树形。修剪时剪去小刺。植株依然能保持健康。冬季植株进入休眠期，需要注意防寒。

变叶美登木

卫矛科　美登木属　常绿灌木

果实红色呈心形，常被人称为“红心果树”“红心果”。枝生尖锐小刺。花期为6月至8月，开月白色小花。7月结果。雌雄同株，多株同放有助于提高授粉成功率。春生枝条的修剪期为8月中下旬，同时为盆栽整体造型。喜水，冬季也需要定期浇水。

金橘花及青果

金橘花为白色，兼具雌雄两性。花期时需水量大，注意勤浇水，勿将水浇到花上。秋季时青果逐渐成熟变为橙色的过程也是金橘盆栽的看点之一。1月摘下果实，取出种子。3月播种后很快就会发芽。

变叶美登木果

变叶美登木果实在7月尚为白色，颜色随温度降低不断变深。成熟时为红色，形似红心。

紫金牛

紫金牛科 紫金牛属 常绿灌木

别名为“十两”，是新年常见的吉祥植物之一。

花期为6月，上午宜接受日照，下午需要移至背阴的地方。

属于亚灌木，近蔓生，具有匍匐生根的根茎。株龄三年就自然更新换代。

种植于小尺寸容器时根系容易打结成团，每年都要换盆。

换盆期避开盛夏隆冬即可。

也有如屋久岛薮柑一般，果叶均小的品种。

紫金牛的花与果实

初夏，叶腋处开白色小花。花朵具垂花性，不耐雨。花谢后结5毫米左右的球状果实，秋季成熟变成红色。果实观赏期一直可持续到2月。

姬苹果

蔷薇科　苹果属　落叶乔木

花期为4月至5月，开白色小花。由于近亲同种授粉困难，建议花期时移至“深山海棠”的附近，或进行人工授粉。修剪期为5月，修剪至1芽至2芽处。喜阳，将植株放置于光照充足的地方有助于提高结果率。授粉后勤浇水，浇水时注意避开花朵。结果期为10月至11月。除观赏性品种外，还有姬国光、长寿红等可食用品种。

姬苹果果实

经常转动花盆让所有的果子都染上红色。2月观赏期结束后，可以摘果让植株进入休眠期。

老鸦柿

柿科　柿属　落叶乔木

因熟透后果实呈黑色，常被乌鸦啄食，因而得名“老鸦柿”。雌雄异株，观果需要两性均种植。花期为4月至6月，花期时建议将雌雄植株相靠放置。授粉时如果是雨季，请将植株移至屋檐下。修剪期为2月至3月（出芽前）和5月。将长枝剪短，留下枝根处的2芽，剪掉多余的。萌蘖枝需要彻底剪除。

老鸦柿果实

果实为橙红色球形或葫芦形，种类很丰富。9月中旬开始结青果，逐渐变色，一日红过一日。落叶后可继续观果。变为褐色时需要摘除，让植株进入休眠期。

落霜红

冬青科 冬青属 落叶灌木

叶片外形与梅树相似，日文名汉字写作“梅擬”。雌雄异株。

因为属风媒花（借助风力授粉），花期时即使不将盆栽放在雄树附近也可授粉。

花期为5月至6月。为提高坐果率，授粉期注意避雨。

春季长出4片至5片新叶时，需要将植株修剪至2芽处。

落霜红根系生长旺盛，夏季需水量大，注意避免出现缺水的情况。

根系容易打结成团，每年都需要换盆修剪。换盆期为3月。

落霜红果实

落霜红果实为红色，果量大。也有结白色果的品种。果实观赏期长。从长出新叶到叶落，均有可观之处。1月左右，果实出现干瘪褶皱后需要将其摘除。

风铃落霜红

是落霜红的近亲。果柄较长、下垂，外形与风铃相似，因此得名“风铃落霜红”。花期为5月至6月，开长柄白色小花。雌雄异株，观果需要两性均种植。

枯干落霜红

冬青科　落霜红属　落叶灌木

落霜红的变种。树干表皮如岩石般嶙峋，带有饱经风霜之感。雌雄异株，观果需要两性均种。花期为5月至6月，花期时需要将雌雄植株相靠放置。花色为黄绿色，娇小不显眼。9月枝头结出橙色的果实，晚秋成熟剥落后露出朱红色的种子。2月至3月为修剪期。将长枝修剪至2芽至3芽处即可。

紫珠

马鞭草科　紫珠属　落叶灌木

花期为6月至7月，开淡紫色小花。9月至11月结紫色高贵的果实，鲜艳且富有光泽，十分美丽。雌雄同株，单株即可结果。修剪期为5月上旬。将长枝修剪至2芽处，促进增生腋芽。花芽自叶腋处长出，腋枝既可开花也能结果。根系生长旺盛，需勤浇水。不耐寒，冬季注意保暖。

枯干落霜红果实

深秋时，果实熟透，呈黄色。熟后果皮裂为三瓣，露出中间朱红色的假种皮。容易被鸟雀啄食，注意提前防范。

紫珠花及果实

花芽生于叶腋处，向上开放。花谢后结球状果实，秋季为紫色。

紫檀

蔷薇科 紫檀属 落叶乔木

春季发芽，初夏开花，秋季红叶结果，四时都有不同的乐趣。
发芽后易生徒长枝，需要及时修剪至2芽至3芽处以保持树形。
秋季对盆栽进行整体造型。果实观赏期为11月至12月。
挂果量大时需要在1月摘果，让植株进入休眠期。
红叶后，叶片还会长期挂在枝头。直到完全凋落都需要浇水护理。

白紫檀与小叶栒子

花果量均大。果实为小粒红色，开白色小花。白紫檀（如上图与右下图所示）也有小叶性的。为小叶栒子（如左下图所示）的近亲。

火棘

蔷薇科　火棘属　常绿灌木

火棘是红色的“常磐山楂”和橘红色的“如立花”的总称。花期均为5月至6月。坐果率高，果量大。果实观赏期为10月至12月。修剪期为2月，需要剪除徒长枝只留短枝。枝干上生有小刺，注意不要被划伤。喜阳，建议将盆栽放置于通风向阳的地方。注意勤浇水。

西洋镰柄（山荆子）

蔷薇科　苹果属　落叶乔木

花期为4月至5月，开白色小花。秋季可赏红果与红叶。原生山荆子粗壮高大，难以攀折，又因树干被用作镰刀的木柄，因此得名“镰柄”。花谢后，需要摘芽至1芽至2芽处。修剪期为5月至6月。剪除徒长枝，增加短枝数量。修剪有利于增加花芽出芽率，保持树形。山荆子盆栽也有如图所示的一枝独秀造型，又因易生长出萌蘖枝，多枝而立的株形也独具风情，韵味无限。

火棘花

初夏时枝头长出放射状白色小花，开花时近半球状。易感染病虫害。果实容易被鸟雀啄食，需要注意防范。

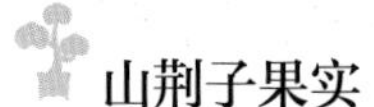

山荆子果实

果实为红色，鲜艳富有光泽。观赏期为10月至11月。果量大时，需要适当疏摘维持整体造型平衡。

日本小檗

小檗科　小檗属　落叶灌木

多分枝，枝条直立，株形紧密。根和茎叶可供药用。

民间多用枝叶与树皮煎水洗眼，有明目的效果。枝生大量尖刺，别名为“鸟不停”。

4月左右长出嫩叶以后也是小檗盆栽的魅力之一。大多是绿色，也有铜黄色与黄色的树种。

结花苞很快，花期在4月至5月，为伞状花序，下垂开放。

生长过程中，叶片逐渐变成绿色。有红叶期，秋季可观红叶。

花谢后结椭圆形浆果，10月果实红透成熟。徒长枝长出后，需要及时剪除。

日本小檗花蕾及果实

新叶长出后，铜色嫩叶搭配上花蕾（如右下图所示）十分美丽。来年的新花芽在7月前就会长出来，修剪与造型工作要在6月前完成。落叶后，果实依旧挂在枝头（如左下图所示）。

红枫

槭树科　槭树属　落叶乔木

是盆栽常用的树种。春季的嫩芽，夏季的绿叶，
秋季的红叶，冬季的残枝，枫树的景色随季节规律变化。
新叶长出后修剪至1芽处，同时整理树形（具体修剪方法请参考第44页）。
叶落后根据喜好对枝条进行修剪造型。
适当修剪有助于促进来年春季发芽。
夏季午后光线强烈，需要防晒避免叶片烧伤。冬季注意保暖防止霜冻。

红舞姬

珊瑚阁

山枫

祖母绿（守望）

珊瑚阁

山枫

红枫种类

在植物学上，红枫为槭树近亲。而在盆栽术语中红枫特指叶片掌裂五角以上的枫树。在众多种类中，山枫与出芽时就为鲜艳红色的红舞姬枫观赏度最高，极具人气。

山枫

垂丝红枫（绯红皇后）

山枫

槭树

槭树科 槭树属 落叶乔木

代表品种为掌状三裂的唐枫。秋季可观红叶，新绿与残枝也颇具美感。新芽长出后将植株修剪至1芽处，同时整理树形（具体修剪方法请参考第44页）。6月摘叶（具体摘叶方法请参考第45页）。新芽生长旺盛，需要及时剪除徒长枝。红叶观赏期结束后，可以根据个人喜好修剪枝条。槭树夏冬季的护理方法与红枫相同。

花梨（木瓜海棠）

蔷薇科 木瓜属 落叶乔木

树干纹理美观，树龄15年以上的花梨尤甚。表皮如鱼鳞般剥落，野趣满满。发芽时间早，是寒冬消去早春报道的信号。出芽后摘至2芽处，同时整理树形。需要及时剪除徒长枝。夏去秋来，柔软的新叶变得坚硬，逐渐长成美丽鲜艳的红叶。

美洲槭树

美洲槭树成年后树皮呈灰色。树干笔直，叶片较大。秋季时，叶片由绿色逐渐变为黄色、深红色，十分美丽。

花梨叶片及枝干

花梨结果需要20年树龄以上，盆栽花梨主要是欣赏鲜艳饱满的叶片。根据种类不同，新叶有绿色也有红色。枝干坚硬，如果想要弯曲的造型需要一定的技巧并借助工具。

枹栎

壳斗科 栎属 落叶乔木

春季发芽，幼枝上有银色的绒毛。秋季金色的叶片是一道不容错过的美景。年老后树干逐渐变为银色，带有历经沧桑的魅力和韵味。枹栎生长速度快，休眠期为3月。此时可根据个人喜好修剪枝条，整理树形。4月新芽长出后需要修剪至2芽处，以保持树形。

山毛榉

山毛榉科 山毛榉属 落叶乔木

树干平滑坚硬，呈灰白色。幼枝上长银色绒毛，十分美丽。发芽较迟。春季会长出大量新芽，及时修剪至2芽处以保持树形。初夏，叶片由嫩绿转为翠绿，十分美丽，这也是山毛榉盆栽的魅力之一。夏季注意遮光，防止叶片烧伤。喜水。夏季蒸发量大，要勤浇水避免缺水。属落叶乔木，冬季，为了保护来年的新芽，枯叶和枝条都留下来，无须修剪。

枹栎红叶

寒霜染红的橙色的叶片与银色树干之间鲜明的色彩对比是枹栎秋季独有的风情。每一片叶子都有独一无二的色彩与美。

千金榆

桦木科 鹅耳枥属 落叶乔木

红千金榆、金千金榆等品种统称为千金榆。
叶片的边缘呈不规则刺毛锯齿形。
千金榆盆栽的看点为色彩斑斓的红叶与乳白色的树干。
2月至3月，将未发芽的枝条修剪至2芽处，同时整理树形。
新芽长出后，及时摘除以保持树形。
夏季注意遮光，防止叶片烧伤。

红千金榆与金千金榆

红千金榆在新叶与红叶时期叶片均为红色（如左上图与下图所示），因此得名。株形整体十分优美，韵味十足。金千金榆（如右上图所示）特点之一就是叶片表面的筋脉多，硬实，在日本也被称作“熊四手”。叶片会逐渐变为金黄色。

榉树

榆科　榉属　落叶乔木

是我们身边的常见树种，新绿与红叶均可欣赏。4月至8月新芽不断长出，需要摘芽维持树形（具体方法请参考第44页）。5月至6月为摘叶期（具体方法请参考第45页）。如果想将植株做成下图的扫把形，应注意剪除徒长枝保持半球状轮廓。榉树易感染病虫害，盆栽应放置于向阳通风处。新芽大量生长时需水量大，要勤浇水避免出现枯水现象。根系生长旺盛，每年都需要整理换盆。

日本榆榉

榆科　榆属　落叶乔木

外观与榉树相似，叶片如小型榆叶，因此得名“榆榉”。因为榆榉的树干粗壮，因此即使盆栽很小也会有老桩的韵味。造型简单，可以按个人喜好随意修剪，十分适合新手。4月，新芽长出后摘至2芽处。此后需要及时修剪以保持树形。秋季叶片变为黄色。

缩缅葛（小叶络石）

夹竹桃科　络石属　常绿木质藤本植物

藤蔓性矮种络石。叶片娇小，阳光下熠熠闪亮，十分漂亮。新绿与鲜艳的红叶各有不同魅力。叶片表面如绉纱般凹凸起伏极具特色，因而得名“缩缅葛”。萌芽力强。适当修剪后，叶片数量在5月至6月时大增。植株茂盛，整体造型优美富有生机。冬季注意保温防止霜冻。

金叶络石

除带色斑的金叶络石外，还有新叶为黄色的络石品种。会从地面探出很多直立的细枝，十分可爱。

南天竹

小檗科　南天竹属　常绿灌木

日文名汉字写作“难転”，是新年常见的吉祥植物之一。

常绿但是秋季的红叶很美，一年四季均可观赏。也有无红叶期的青轴品种。

春秋皆生新芽。修剪方面没有特殊要求，剪去枯枝老枝即可。

为维持娇小树形，枝条需要剪至2至3芽处。

不耐寒，冬季注意保暖防止霜冻。

红叶南天竹与琴丝南天竹

红叶南天竹叶片较大。秋冬叶片为红色，十分鲜艳。如右上图所示。琴丝南天竹叶如琴丝，枝干较矮，适合作案头清供盆栽。如左上图及下面三幅图片所示。除上述两种，南天竹还有很多品种。

南烛

杜鹃花科　美登木属　落叶灌木

叶片自夏季开始不断染色，秋季变成如深红色的蔷薇那样，色泽浓郁观赏性强。春季新芽长出后摘至2芽处。花期为5月至6月，在叶端开如吊钟样的白色小花。秋季结紫黑色浆果，可食用。修剪期为8月中旬，同时整理树形。喜生长于酸性土壤中，因此在盆土基质中混合鹿沼土比较好。

南烛红叶与冬芽

秋季叶片为红色，冬季枝生红色幼芽。四季的姿态均不同。叶片颜色与日照时间有关，光照充足时红叶颜色更加鲜艳。

杜鹃花

杜鹃花科 杜鹃花属
常绿或平常绿灌木

是山杜鹃、满山红等多种杜鹃的总称。
一般为常绿性，也有落叶性杜鹃（如日本杜鹃）。花期为4月中旬至5月中旬，满山红花期约晚1个月。花谢后摘除花柄，将枝条修剪至1芽处。
春夏秋三季都可以对植株进行修剪。生长旺盛时剪后即有新芽冒出，造型简单。
喜生长在酸性土壤中，杜鹃的盆栽需要在盆土基质中混合鹿沼土。
易感染病虫害，建议放于向阳通风处管理。

品种丰富

早乙女小町（如右上图所示）与米叶皋月（如右下图所示）的魅力之处在于常绿的微型叶片。屋久岛杜鹃（细叶杜鹃）特点为叶片细长。不同品种的杜鹃，花色、形状、大小均各不相同。

眼镜柳

杨柳科 柳属 落叶乔木

垂柳的园艺品种。叶片旋转缠绕，外观颇似眼镜，因此得名“眼镜柳”。外形娇俏，人气旺盛。深秋落叶，来年春天长出新芽。柳树原生水边，喜水。春夏秋三季均可根据个人喜好修剪枝条。修剪不必过勤，养护十分简单。

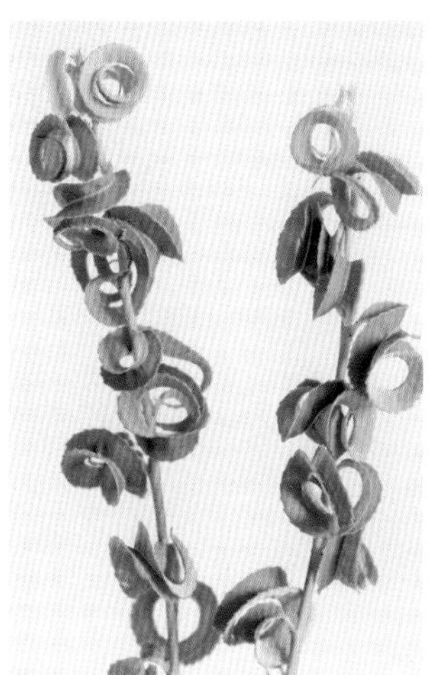

眼镜柳叶片

叶片如竹叶般细长，表面翠绿，背面为青灰色。除形状旋转缠绕外，与普通柳树并无区别。

树参

五加科 树参属 常绿乔木

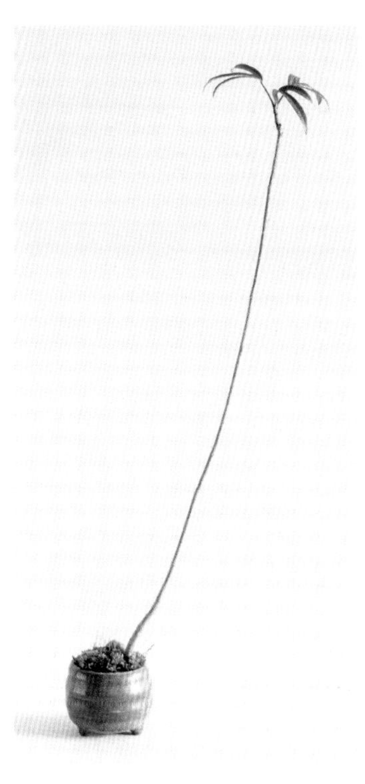

枝干直立高耸。幼龄时叶片带有较深刻痕，随树龄增加刻痕逐渐消失。叶形变化较大。不分裂叶片通常为椭圆形，分裂叶片为倒三角掌状形似蓑衣。喜阴。4月下旬到5月适当修剪长枝，剪后长出新芽。冬季注意保暖防止霜冻。

油橄榄

木犀科 木犀榄属 常绿乔木

橄榄树栽培品种众多，作为迷你盆栽培育的橄榄树以叶小枝节短密为宜。3月至4月发新芽时，修剪1至2个芽点即可定枝盆栽整体的树形。橄榄树是喜光树种，具有一定耐旱耐晒性。在较难获得幼苗的情况下，也可在春季培育插扦苗。

荚蒾

五福花科 荚蒾属 落叶灌木

日本野生荚蒾约有15至16种。4月，新芽长出后摘至1芽处。秋天可观红叶。如图所示“金华山”等小叶品种适合做迷你盆栽培育。通常是笔直向上生长，也有树干蜿蜒盘旋等造型风格。

小石积

蔷薇科 小石积属 常绿灌木

南西诸岛等沿海地区自生植物，因为它有着像珊瑚一样的茸毛，叶片如阳光般炫目而得名。4月至5月开白色的小花。秋季结黑色圆形果实。春季修剪期为植株发芽前，此时修剪废枝。秋季对整体的树形进行修整。

黄杨

黄杨科 黄杨属 常绿灌木

叶片娇小，适合做迷你盆栽培育。常绿灌木，全年均可观赏。春季新芽长出后修剪至1芽至2芽处。此后不需要二次修剪，养护十分简单。不耐暑，夏季注意防晒。午后需要将盆栽移放至通风阴凉处。

三裂绣线菊

蔷薇科 绣线菊属 落叶灌木

特点为叶片掌裂3至5裂。叶片娇嫩柔软，枝条细瘦，别具风情。花期为5月，簇放的迷你白色花朵十分可爱。耐寒耐热，生命力旺盛。花谢后剪除直枝，保持整体造型和谐。同时有利于增加开花量。萌蘖枝无伤大雅，可以任其生长不修剪。

黄槿

锦葵科 木槿属 落叶灌木

是开黄色扶桑花的近亲，种植于花盆不会开花。叶片为圆形带齿。春季嫩绿、秋季红叶，色彩变化丰富，观赏性强。如果长得过大，可在除了冬季以外的任何季节对植株进行修剪，以保持树形。根据个人喜好修剪即可，无特殊要求。冬季注意保暖防止霜冻。

野葡萄

葡萄科 葡萄属 木质藤本生植物

枝叶攀援附生，藤蔓性植株。叶生白色或粉色斑点。花期为初夏，开淡绿色小花。春季，新芽长出后修剪至1芽处。修剪后枝条数量会增加，植株体型变大。不剪新芽任枝藤下垂生长，也别具一番风味。过长时，也可及时剪除。

银杏

银杏科 银杏属 落叶乔木

迷你盆栽中的银杏树叶片十分娇小。虽然直径不到一厘米，依然保持了银杏树叶的独特美感。叶片颜色自新绿到金黄不断加深，观叶期长，观赏性强，生长旺盛。枝条过长时，可于11月下旬适当修剪并整理树形。下图为老枝或树干处生有下垂乳房状突起的“垂乳银杏”。

柃木

山茶科 柃木属 常绿灌木

叶厚如革质，光泽感强。叶子边缘呈齿状。花期为2月至3月。叶腋处开白色小花，具垂花性。5月长新芽。6月将过度生长的叶片修剪至2芽处。花谢后结果，11月果实成熟变黑。冬季注意保暖防止霜冻。

赤松 黑松

松科 松属 常绿乔木

黑松与赤松为盆栽的代表植物。叶鞘生2枚叶芽。叶芽为披针形或条状批针形，2针为一束。
赤松（如左图所示）针叶细软枝条柔美，又称作“女松”。
黑松（如右图所示）枝干粗壮针叶尖硬，别名为“男松”。
二者培育护理方法相同。新芽长出后，4月至5月为摘叶期（具体方法请参考第47页）。
初夏为摘芽期（具体方法请参考第48页）。此后，2芽处以外的叶芽长出后用手摘去即可。
每日需要5个小时以上日照，日照不足针叶会变得瘦弱干瘪。喜肥。

五叶松

松科 松属 常绿乔木

叶鞘生五枚叶芽，因此得名“五叶松”。针叶常绿、较短，枝干为灰白色，二者搭配起来别具一番风味。4月中旬至5月中旬新芽长出。一处只留两个芽点，用手摘取其余叶芽。此后，将生长旺盛的新芽摘除一半以保持针叶整体长度均等。

唐松

松科　落叶松属　落叶乔木

日本的阿尔卑斯山脉南北地区与本州岛中部高海拔地区自生植物。唯一一种冬季会落叶的松树，因此也得名“落叶松”。看点为春季可爱娇嫩的新芽。针叶呈圆形自芽点处四散生长，外观酷似烟花。4月至5月，新芽长出后修剪至1芽处以保持树形。不耐暑。夏季需要移放至阴凉通风处管理。

罗汉松

松科　松属　常绿乔木

日本本州岛中部以北地区与四国等寒冷高山地区的常见植株。针叶如米粒大小又被称作“稻谷松”。娇小可爱，十分适合用作迷你盆栽培育。修剪期为5月中旬，注意防止枝条交叉生长。枝条姿态各不相同，可培育出各种有趣的造型。

唐松的新芽

鲜嫩的落叶松新芽带来春天的气息。尽可能地让它晒到太阳。

罗汉松针叶

针叶为鲜亮的淡绿色，略呈椭圆形。特点为叶片螺旋排列生长。

冷杉

松科 杉属 常绿乔木

树干端直，树形自成圆锥形，常被选做圣诞树。原生体型高大，但是也能养在小尺寸花盆中。新芽长出后，需要摘除三分之二以维持迷你树形。生长缓慢，不需要额外修剪。叶片偶尔会由绿色变为茶褐色，春季会复原。

侧柏

柏科 侧柏属 常绿乔木

侧柏因木材带有香味而广为人知。枝条细软、叶片娇小的"八房狮子头"与叶片蜷缩的"石化柏树"都适合做迷你盆栽培育。冬季叶片由绿色转茶褐色，春季复原。5月至9月叶芽大量生长，需要不断摘芽以维持树形（具体方法请参考第46页）。9月至10月为修剪期，同时整理树形。喜阳。注意将盆栽放于向阳处管理。

冷杉新芽

前一年旧枝处生1至3枚新芽，4月长出新枝。

津山柏

"八房狮子头"的一种，叶片细小。该品种发现于日本冈山县津山市，因此得名"津山柏"。普遍为扦插繁殖。

真柏

柏科　圆柏属　常绿乔木

枝干一般弯曲生长。植株造型丰富多变，观赏性强。春季到秋季新芽持续长出，需要不断摘芽以保持树形（具体方法请参考第46页）。春秋为修剪期，剪除多余的枝条与茶色枯叶。霜冻后叶片由绿色转为茶褐色，春季复原。

杜松

柏科　刺柏属　常绿乔木

叶片为条状刺形，质厚坚硬，因此也称作“鼠刺”。杜松木质坚硬不易腐坏，偶有枯枝依然能挺拔生长。4月至10月为摘芽期（具体方法请参考第47页），需要不断摘芽。春秋为修剪期，剪除多余的枝条并整理树形。霜冻后叶片由绿色转为茶褐色，春季复原。喜水，注意勤浇水避免出现缺水的情况。

杜松针叶

新芽略微长开一些时再摘芽会容易许多。摘除上一年的旧叶可以促进新的腋芽生长。

杉树

杉科　落羽杉属　常绿乔木

特点为树干端直，高耸入云。除常见的真杉外，还有“细叶八朵”等品种。新芽从春至秋持续生长，需要不断摘除房状嫩芽以维持树形（具体方法请参考第47页）。冬季请勿进行修剪。常绿乔木。冬季霜冻后叶片由绿色转为茶褐色，春季复原。喜水，夏季注意勤浇水避免出现缺水的情况。

岩桧叶

岩桧科　岩桧属　常绿多年生草本植物

荒原等地自生蕨类植物，多达200余种，有金叶等多色品种。有红叶期，观赏性强。生有根茎般的轮生枝条，名为“假干”，大量生长于鳞状叶片分叉处。冬季叶片向内侧蜷缩以抵御严寒，此时应减少浇水。夏季需水量大，注意防晒通风。

石化杉

带状品种杉树。叶片形状多样。变化多端，扭曲得像刷子，因此得名“石化杉”。

第3章

迷你盆栽计划安排

本章向读者介绍杂木、杂草、松塔、绿苔等增加迷你盆栽观赏性的各种“配饰”与搭配技巧。可在圣诞或新年等特殊节日为盆栽造型，十分有趣。在某个特殊的日子里，用心意满满的盆栽来装扮你的家吧。

造杂木林

枫树换盆正是造杂木林的好时机。
在长方形的花盆中种植五株横长相当的植株，
位置排列与倾斜角度都需要结合整体平衡感与风格考虑。
随着植株不断生长，小小的盆栽也逐渐会有树林的感觉。
上盆时间建议选在3月，树苗出芽前。

1

准备枫树苗（5棵）、赤玉土（小粒）、长方形平底花盆、钢丝、盆底滤网、绿苔。

2

自钵中取出枫树苗，清理根系余土。根系表面的土壤，从上至下用镊子慢慢疏散开。

3

用竹签细心清理根系缝隙土壤，再用剪刀将5株树苗各自分离。避免生拉硬拽式的分离，会伤到根系。纠缠打结处建议用剪刀剪开。

4

细心清理根系上附着的余土。

5

剪除粗壮的根，留下相同高度的细且以放射状生长的根，以促进其生长蔓延。

6

将根系修剪至与花盆相适应的尺寸。根系如果不均匀，植株生长也会不均匀，因此，根部要全方位生长最好。

7

将两根钢丝弯曲至适合盆底孔洞的形状，做成如图所示的“固根器”。

8

用滤网盖住盆底孔洞，将钢丝自下方穿过。

9

另一根钢丝重复上述步骤。两端沿盆内侧边缘铺开。

10

薄铺一层赤玉土。

11

上盆前适当修剪枝条。根系修剪后，需要同步修剪部分枝条。

12

定好位置后将树苗上盆。最大的树苗为主木，建议种在中心位置，其余树苗种植在两侧，最小的可以放在后边，这样就有了纵深感。

13

用手固定住树苗，另一只手往盆中培土（赤玉土）。

14

用竹签将赤玉土填至根系缝隙处。

15

用钢丝固定住树苗根系，拧紧后剪至合适的长度。

16

用钳子将剩余的钢丝拧在一起，然后埋入土中。另一根钢丝重复上述步骤。

17

浇水至盆底浸透。自上而下浇水，水流容易破坏整体树形，建议将花盆直接浸入水中。浇水后再次整理造型。

18

铺植绿苔。绿苔除美化作用外，也能固定株形，防止树苗倾倒。

杂草寄植

将盆底带有孔洞的园艺托盘装上土
置于室外一段时间，就会长出各种杂草。
将它们挑选一些就构成了这样的花草盆栽。
让这些杂草们相遇并混栽搭配出
不可思议的奇妙缘分。

1

托盘中混栽着各种杂草，也可以有意识地撒一些野草的种子。如果有不认识的杂草，让它长大一点再确认是否摘除。

2

决定好谁去谁留后，就用剪刀将需要的杂草连土一起剪下来完整取出。

3

自托盘中取出五叶黄莲（**a**）、姬木贼（**b**）、一叶升麻（**c**）。准备土（小粒赤玉土及半份桐生砂），用钢丝固定好盆底滤网（具体做法请参考第41页）。

4

上盆前适当清理根系余土以适应容器尺寸，不必完全清除。

5

盆底铺上一层薄土，然后将植物压着入盆。

6

培土后用镊子将土壤填满缝隙。

7

适当修剪过长的植株，让整体造型更加和谐优美。

8

仔细拔除多余的杂草。

9

用镊子铺植绿苔。为使整体造型显得更加浑然天成，绿苔不必铺得太满。

制作苔藓球

用绿苔填满松球的鳞状块片后，
松球就摇身一变成了可爱的吉祥物。
在松球上种一棵小小的植株，十分可爱。
松球不仅是装饰也是花盆般的容器，
非常适合圣诞节的节日气氛。

苔藓球的培育方法

松球干燥后，泡在水中使其饱含水分。放置于通风向阳处，盛夏避免太阳直射。可以欣赏约半年这样的状态，绿茸茸的十分漂亮。苔藓慢慢长大以后可置于玻璃容器中，以防止干燥。

1

准备松球及绿苔。苔藓建议挑选白发藓和湿地藓，制作更加简单。如果栽种绿植的话，可将沼泽黏土与赤玉土以 1∶1 的比例混合作为基质备用。

2

用备好的土包裹黑松小苗根系。

3

根据个人喜好挑选种树的位置，将步骤 2 中的小苗根系埋入松球。

4

首先在树苗周边埋一些绿苔。绿苔需要用镊子夹取小块，细心地埋入裂瓣。

5

用镊子埋绿苔时，另一只手的拇指压紧，然后再将镊子抽出。

6

将绿苔的茶色部分全部埋入裂瓣深处，再将绿色的苔面铺于表面。

7

自下而上压紧裂瓣。裂瓣更加合拢，松果整体呈饱满球形。

8

为保持松球裂瓣缝隙大小均等，狭小缝隙处可填充较多的绿苔。

9

完成上述步骤后将松球在水中浸泡约3 分钟使其水分饱满。松球会浮出来，这时需将绿苔压进松塔里，让整个松塔展开。

制作新年装饰

“菊炭”是茶道界中广泛使用的木炭品种，
因断面带有菊花般的花纹而得名。
用高级的菊炭来制作的盆景以黑松、紫金牛及玉龙草为主，
十分适合新年时摆放家中赏玩。
再系上红白花纸绳作为装饰，更加华丽美观。

菊炭的容器

此处所用的菊炭容器为“增田屋”的“炭花坛”系列商品。除此之外还可将多种尺寸的橡树炭用作容器。这些商品可在网上购买到。https://www.masudaya/co/jp

1

准备菊炭容器（大、小）、黑松苗（a）、紫金牛苗（b）、玉龙草（c）、赤玉土（中粒、小粒）、绿苔、花纸绳（红白两色）及盆底滤网备用。

2

剪一块尺寸合适的滤网放入容器底部。

3

底部铺上一层中粒赤玉土，用竹签整理确保没有缝隙。

4

适当清理黑松苗根系泥土，尺寸与容器相适应即可上盆。冬季种植时不要修剪根系，避免对植株造成伤害。

5

容器较高的情况下，建议种植庄重的黑松苗。上盆后用镊子将根系压紧，避免外露。

6

表面铺一层小粒赤玉土。

7

盆土表面铺植绿苔，让它稍微鼓起来一点，会十分可爱。

8

用小块绿苔填补缝隙。完成上述步骤后浇水。再系上红白花纸绳就大功告成了。

9

将紫金牛及玉龙草紧靠着种植于小尺寸菊炭容器中。种植方法与黑松一致，重复上述步骤，最后浇透水。